Michael Dienst

Transactions in Bionic Patents - Belastungsadaptives, flexibles Bauelement zur Integration in Orthesen

GRIN Verlag

Bibliografische Information der Deutschen Nationalbibliothek:

Die Deutsche Bibliothek verzeichnet diese Publikation in der Deutschen National-
bibliografie; detaillierte bibliografische Daten sind im Internet über http://dnb.d-
nb.de/ abrufbar.

Impressum:

Copyright © 2012 GRIN Verlag GmbH
Druck und Bindung: Books on Demand GmbH, Norderstedt Germany
ISBN: 978-3-656-32267-2

Dieses Buch bei GRIN:

http://www.grin.com/de/e-book/204925/transactions-in-bionic-patents-belastungs-
adaptives-flexibles-bauelement

Transactions in Bionic Patents

Traktat über die Beiträge zu den "Transactions in Bionic Patents"

Die "Transactions in Bionic Patents" bilden eine Sammlung von Schriften zu Patent- und Gebrauchsmusteranmeldungen im Themenfeld Biologie & Technik die in loser Reihenfolge und Terminus erscheint.

Gegenstand der Beiträge zu den Schriften der "Transactions in Bionic Patents" sind Gestaltungsfragen und die kritische Auseinandersetzung mit aktuellen Themen der Bionik, also Technik nach Vorbildern aus der belebten und unbelebten Natur und ihre patentrelevante Umsetzung.

Mit den "Transactions in Bionic Patents" soll der Fortschritt auf dem Gebiet der angewandten Bionik dadurch gefördert werden, dass die dargestellten Patente und Gebrauchsmuster frei von Rechten Dritter und mit ausdrücklicher Genehmigung der Patentanmelder und Inhaber dem Leser dieser Schriften zur Nutzung verfügbar werden.

Gleichzeitig wird ein tieferes Verständnis der Bionik innerhalb des Fachs und der Öffentlichkeit her- und ein rezentes Problemfeld wirklichkeitsnah und verständlich dargestellt. Als Übergeordneter Aspekt gilt es, Lösungswege der Übertragung biologischer Phänomene zu untersuchen, auszuleuchten und Fragestellungen die im Zusammenhang stehen mit Natur und Technik nachzugehen sowie Forschung und Ausentwicklung zum Thema anzustoßen

Die Beiträge zur Schriftensammlung "Transactions in Bionic Patents" sind in deutscher Sprache verfasst. Dem Text kann eine teilweise oder vollständige Übersetzung in englischer Sprache beigestellt werden; Art, Umfang, Anordnung und Organisation der Textteile sind dem Autor überlassen und frei. Die englische Fassung soll den Umfang der deutschen Fassung nicht überschreiten.

In einer Ausgabe der Schriftensammlung "Transactions in Bionic Patents" soll nur ein Werk platziert werden. Der Text kann durch Abbildungen ergänzt werden; die Bildrechte und andere Urheberrechte sind dabei zu achten.

Die jeweiligen Gebrauchsmuster- oder Patentschriften sind dem Anhang beigefügt.

M. Dienst, Berlin.

University of Applied Sciences Berlin, Germany

BIONIC RESEARCH UNIT

Technische Beschreibung

IPC A61F 5/02 (2006.01) Gebrauchsmuster Nr. 20 2010 003 723.9

Belastungsadaptives, flexibles Bauelement zur Integration in Orthesen.

Die Erfindung beschreibt ein flexibles und in seinen Verformungs-eigenschaften variables, belastungsadaptives Biegebauteil, welches zu einer Baugruppe gleicher oder skalenvarianter Bauteile formiert, in eine humanmedizinische Orthese integriert werden kann. Das variable, belastungsadaptive Biegebauteil ist als skalierbares, parametrisierbares Konstruktionselement formuliert. Dadurch wird die Integration in unterschiedlichen Orthesen ermöglicht.

University of Applied Sciences Berlin, Germany

BIONIC RESEARCH UNIT

Durch die parametrisierbare Ausführung der Konstruktionselemente und der Rapport- Anordnung verschieden skalierbarer Konstruktionselemente definierter Geometrie wird erreicht, dass sich die Form des Biegebauteils unter Beaufschlagung selbstständig an den Lasteintrag durch den menschlichen Körper anpasst (Autoadaption), die Verformungseigenschaften des Bauteils mit geeigneten Methoden der numerischen Analyse und Modellierung vorhersagbar und einer Optimierung zugänglich sind. Die skalierbare und parametrisierbare Geometrie und Anordnung der Konstruktionselemente führt zu einer universellen Konstruktionsbauweise für Orthesen und orthopädische Bandagen.

Stand der Technik

Orthesen (Kurzwort aus orthopädisch und Prothese) sind industriell oder manuell hergestellte medizinische Hilfsmittel, die zur Unterstützung von eingeschränkt funktionstüchtigen Körperteilen (humanmedizinischer Bereich) eingesetzt werden. Orthesen zur Stabilisierung und Fixation, etwa bei Formfehlern oder nicht reversiblen Deformationen, sind Stand der Technik. Orthesen zur Korrektur von Fehlstellungen (Haltungsfehler oder Stellungsfehler) oder zum Funktionsersatz sind Stand der Technik. Orthesen kommt auch eine ästhetische Funktion und Aufgabe in der Therapie und Rehabilitation zu. Der Einsatz von Bandagensystemen und Orthesen ist nicht auf den humanmedizinischen Bereich beschränkt. Bandagensysteme und Orthesen nach Stand der Technik sind häufig hochkomplexe, aus vielen Bauteilen unterschiedlicher Materialien gefügte Systeme. Bei statisch stützenden und und dynamisch führenden Bauelementen, welche in komplexe orthopädietechnische Bandagensysteme und Orthesen nach Stand der Technik integriert sind, tritt das Problem vielachsiger, wechselseitig dynamischer Beaufschlagung auf. Hier kommen üblicherweise flexible, biegeelastische Konstruktionselemente zum Einsatz. Zu einer Batterie von Konstruktionselementen (rappierte Anordnung) sind sie dazu gedacht, das muskuläre Gleichgewicht des Patienten wiederherstellen, mit dem Ziel einer Rehabilisierung und Remobilisierung.

Bei elastisch-flexiblen orthopädietechnischen Konstruktions-elementen für Orthesen insbesondere im Lendenwirbel-säulenbereich herrschen nach Stand der Technik Bauweisen vor, welche unter statischer und dynamischer Belastung konventionelle (orthodoxe) Belastungs- Verformungsregime aufweisen. Das Verformungsgebaren (die Beaufschlagungs- Formänderungs-Wechselwirkung) derartiger Konstruktionselemente korreliert mit der Richtung der beaufschlagenden Kraft (orthodoxe, konventionelles Belastungs- Verformungsregime). Sich in dieser

University of Applied Sciences Berlin, Germany

BIONIC RESEARCH UNIT

Weise konventionell verformende Bauteile sind nachgiebig-elastisch.

Problembeschreibung

Bei besonderen Orthesen, z.B. solchen zur Stabilisierung und Fixation im Lendenwirbelsäulenbereich des Patienten und anderen Gestaltungsaufgaben wie sie in der Orthopädietechnik auftauchen, sind unter manchen Umständen Beaufschlagungs-Formänderungs- Interaktionen und Bauteil- Körperwechsel-wirkungen erwünscht, die eine autonome, der Krafteinleitungs-richtung entgegen gerichtete Verformung realisieren (paradoxe Belastungs- Verformungsregime).

Grundsätzlich werden sich paradox nachgiebig-elastisch verhaltende, adaptive Bauteile dort technisch effizient und wirtschaftlich klug eingesetzt, wo der regelungstechnische Kontrollaufwand aus Raum-, Gewichts- und Kostengründen reduziert werden soll und eine mit komplexen mechatronischen Sensor- Aktoranordnungen realisierbare Lösung nicht sinnvoll erscheint, wie es speziell im Orthopädiebereich der Fall ist.

University of Applied Sciences Berlin, Germany

BIONIC RESEARCH UNIT

Problemlösung

Die Erfindung nach Anspruch 1 betrifft eine autoadaptive, flexibel-variable Bauweise für elastisch-flexible orthopädietechnische Konstruktionselemente für den Einsatz in Orthesen im Lendenwirbelsäulenbereich, welche eine passive, paradoxe Beaufschlagungs- Formänderungs- Interaktion realisieren. Die Adaptation unterschiedlicher Belastungs- und Beaufschlagungszustände wird dadurch erreicht, dass statt einer abschnittsweisen, balkenförmigen Bauweise (nach Stand der Technik) an orthopädietechnischen Konstruktionselementen eine regelbasiert parametrisierbare Anordnung blockförmiger Elemente definierter Geometrie und definierter schanierartiger, stoffschlüssiger Verbindungen (nichtisotroper Konnektionsbrücken) eingebracht wird, derart dass auf Grund lokal sich paradox nachgiebig-elastisch verhaltende, adaptive Bauteile, eine vorteilhafte Beaufschlagungs- Formänderungs- Wechselwirkung der Gesamt-gestalt des Konstruktionselementes die Folge ist.

University of Applied Sciences Berlin, Germany

BIONIC RESEARCH UNIT

Erreichbare Vorteile

Durch Adaption des Lasteintrags wird eine große Schar von Varianten an orthopädietechnischen Konstruktionselementen mit vorbestimmbaren Formänderungen des beaufschlagten Bauteils erreicht. Die funktionalen Elemente der Konstruktion können hinsichtlich Geometrie, Position und Anordnung parametrisiert werden, so dass der Konstrukteur die Bauweise wie ein Gestaltungselement für das Entwerfen behandeln kann. Die Bauweise ist skalierbar und universell.

Aufbau

Gegenstand der Erfindung sind elastisch-flexible Konstruktions-elemente die in orthopädische Bandagen oder Orthesen integriert werden. Die Geometrie des Grundkörpers des Konstruktions-elementes ist ein schlanker balkenförmiger Stab der in seiner Länge, in den Längenverhältnissen seiner funktionalen Bereiche und in den Rechteck-Querschnitten in seinem jeweiligen Höhen-Breitenverhältnissen skalierbar ist. Die Rechteck-Querschnitte sind gegebenenfalls mit abgerundeten oder gebrochenen Kanten auszuführen.

Die Abbildung Figur 1. zeigt das Konstruktionselement in einer schematischen Darstellung in Seitenansicht (linke Abbildung der Figur 1) und in der Draufsicht (rechte Abbildung der Figur 1). Die

Rechteck-Querschnitte sind zentralsymmetrisch. Gestaltungs-bedingt bildet das Konstruktionselement insgesamt fünf Zonen aus, welche funktionalmechanisch verschiedene Eigenschaften besitzen. Im zentralen Bereich ist das Konstruktionselement nahezu biegestarr: Bereich (1) in Figur 1/ Draufsicht. Im Bereich (2') bis (2''), in Figur 1/ Seitenansicht, und (2) in Figur 1/ Draufsicht ist das Konstruktionselement aufgrund der erfindungsgemäßen besonderen Gestaltung belastungs-adaptiv-elastisch. Im Bereich (2'') bis zum oberen Ende, (3) in Figur 1/ Draufsicht, ist das Konstruktionselement biegeweich-elastisch. Die Elastizität des Bauteilbereichs ist über die Ausgestaltung und Dimensionierung der Aussparung (6), Figur 1/ Seitenansicht, bestimmbar. Ausgehend von dem zentralen Bereich (1) des Konstruktionselementes bildet der untere Teil ein quasi-symmetrisches in seinen Abmessungen jedoch skalierbares Spiegelbild des oberen Teils: Bereiche (8) und (9) und (10) in Figur 1/ Draufsicht. Im Bereich des oberen Endes und im Bereich des unteren Endes ist das Konstruktionselement mit einer fahnenförmigen Auflagefläche versehen, (4) und (10) in Figur 1/ Draufsicht. Im zentralen Abschnitt ist das Konstruktionselement mit einer panalförmigen Auflagefläche versehen: (5) in Figur 1/ Draufsicht. Der zentrale biegesteife Bereich (1), die beiden lateralen belastungsadaptiv-elastischen Bereiche (2) und (8) und die nach oben und unten abschließenden biegeweich-elastischen Bereiche (3) und (9) sowie die fahnenförmigen Auflageflächen (4) oben und (10) unten und die panalförmige Auflagefläche (5) im zentralen Bereich bilden eine konstruktive Einheit.

Die erfindungsgemäße besonderen Ausgestaltung der belastungsadaptiv-elastischen Bereiche (2) und (8), schematisch dargestellt in Figur 1/ Draufsicht, bzw. der Bereich (2') bis (2'') und Bereich (8') bis (8''), schematisch dargestellt in Figur 1/ Seitenansicht ist in einer höheren Auflösung schematisch dargestellt als eine Draufsicht in der Abbildung Figur 2, sowie schematisch als Seitenansicht in der Abbildung Figur 3. Die räumliche Balkengestalt des Konstruktionselementes in diesen Bereichen wird gebildet durch rechteckförmige Blöcke (2.1) und (2.2) schematisch dargestellt in Abbildung Figur 2, bzw. rechteckförmige Blöcke (2.1) und (2.2) und (2.3) schematisch dargestellt in Abbildung Figur 3, die durch Konnektionsbrücken (2.c) und (2.d) schematisch dargestellt in Abbildung Figur 2 bzw. durch Konnektionsbrücken (2.c) und (2.d) und 2(a) und (2b) schematisch dargestellt in Abbildung Figur 3 miteinander stoffschlüssig verbunden sind, wie aus den schematischen Abbildungen Figur 2 und Figur 3 ersichtlich. Die in Abbildung Figur 2 und Abbildung Figur 3 schematisch dargestellte Bauweise wird in den belastungsadaptiv-elastischen Bereichen (2) und (8), schematisch dargestellt in Figur 1/ Draufsicht, bzw. in dem Bereich (2') bis (2'') und Bereich (8') bis (8''), schematisch dargestellt in Figur 1/ Seitenansicht, des Konstruktionselements rapportiert. Der Zentralbereich (1) des Konstruktionselementes, schematisch dargestellt in Abbildung Figur 1, besitzt einen rechteckigen Vollquerschnitt und ist von seinen mechanischen Eigenschaften ein biegestarrer Balken. Die Bohrungen (7) und (7'), schematisch in Abbildung Figur 1 dienen der Montage der Konstruktionselemente in einer Orthese oder Bandage. Die genaue Position der Bohrungen (7) und (7') ist abhängig von der spezifischen Montagesituation in einer Orthese oder Bandage variierbar. Die lateralen Bereiche (3) im oberen und (9) im unteren Teil des Konstruktionselementes, schematisch dargestellt in Abbildung Figur 1 besitzen einen rechteckigen Querschnitt mit gegebenenfalls gerundeten oder gebrochenen Kanten und sind mit einer langlochförmigen in ihrer Geometrie variablen Aussparung versehen. Von ihren mechanischen Eigenschaften her bilden sie einen biegeweichen Balken.

Wirkungsweise

Die in Abbildung Figur 2 und Abbildung Figur 3 schematisch dargestellte Bauweise ist in seinen geometrischen Abmessungen parametrisierbar und skalierbar, so dass die biegeweichen elastischen Eigenschaften der Konnektionsbrücken (2.c) und (2.d) und (2.a) und (2.b) variabel, durch den Konstrukteur berechenbar, bzw. durch strukturmechanische Simulationstechniken vorhersagbar sind. Die Konnektionsbrücken (2.c), (2.d), (2.a) und (2.b) bilden mit den rechteckförmigen Blöcken (2.1) und (2.2) und (2.3) zweidimensionale, stoffschlüssige Schaniere mit lokalen Elastizitäten aus, die eine der Krafteinleitungsrichtung entgegen gerichtete Verformung realisieren. Effekte dieser Art sind als paradoxe Belastungs- Verformungsregime bekannt. Der Effekt ist konstruktionsbedingt richtungsabhängig (nichtisotrop). Diese sich paradox nachgiebig- elastisch und somit belastungsadaptiv verhaltenden Bereiche des Konstruktionselementes (2) und (8), schematisch dargestellt in Figur 1/ Draufsicht, bzw. (2') bis (2'') und (8') bis (8''), schematisch dargestellt in Figur 1/ Seitenansicht führen in Verbindung mit dem biegesteifen Zentralbereich (1) dargestellt in Figur 1/ Draufsicht und in Verbindung mit lateralen Bereiche (3) im oberen und (9) im unteren Teil des Konstruktionselementes, schematisch dargestellt in Abbildung Figur 1, zu einer komplexen, autoadaptiven Gesamtverformung des Konstruktionselementes, die ihrerseits im Sinne einer

Bauweise parametrisierbar variabel, durch den Konstrukteur vorausbestimmbar und durch geeignete strukturmechanische Simulationstechniken vorhersagbar ist.

Bauliche Ausführung

Die autoadaptiven Konstruktionselemente können durch eine geeignete fertigungstechnisch- und fügetechnisch übliche Weise zu einer Batterie von Elementen in einer Orthese formiert werden, wie es in einer Prinzipskizze schematisch in Abbildung Figur 4 dargestellt ist. Abbildung Figur 5 zeigt in einer Prinzipskizze schematisch eine mögliche Positionierung der prinzipiellen Anordnungslösung aus Abbildung Figur 4, ausgeführt an einem menschlichen Körper. Die autoadaptiven Konstruktionselemente sind universell und ihre Integration in Orthesen und Bandagen ist nicht auf den humanmedizinischen Bereich beschränkt.

Als Werkstoffe für die Konstruktionselemente sind solche, im biomedizinischen Bereich üblichen und zugelassenen Kunststoffe geeignet, die eine genügend hohe mechanische Festigkeit bei gleichzeitiger Elastizität besitzen und die mit fertigungs-technischen (Urform-) Verfahren nach Stand der Technik verarbeitbar sind.

University of Applied Sciences Berlin, Germany

BIONIC RESEARCH UNIT

Figur 1

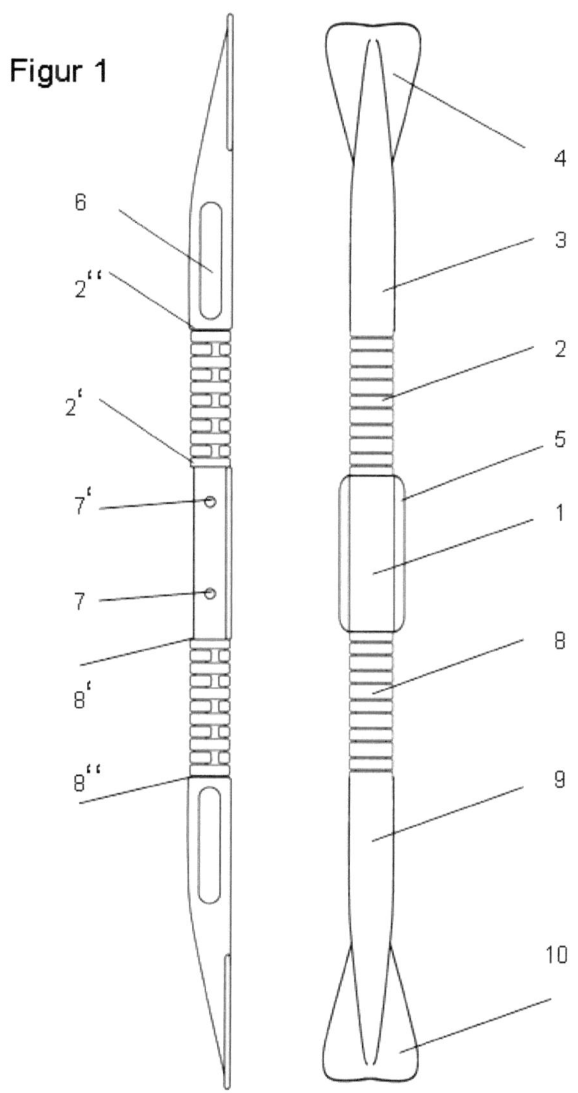

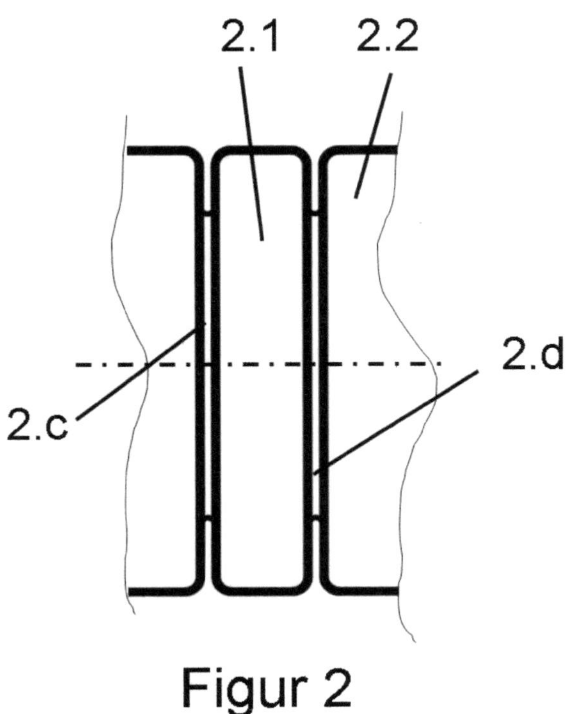

Figur 2

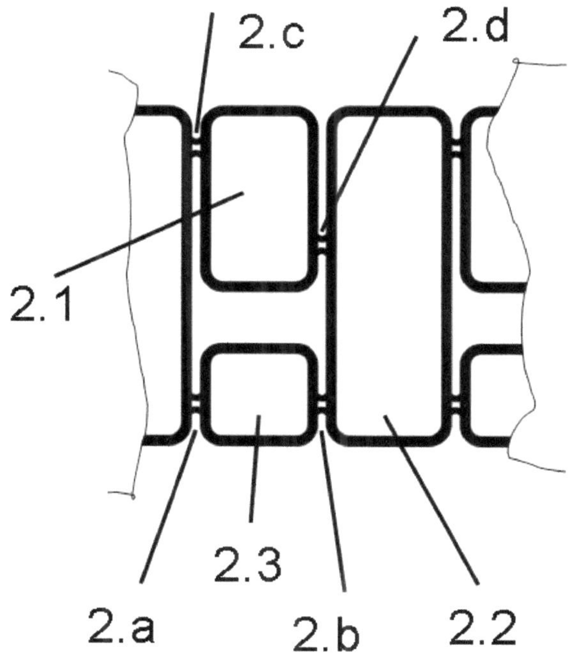

Figur 3

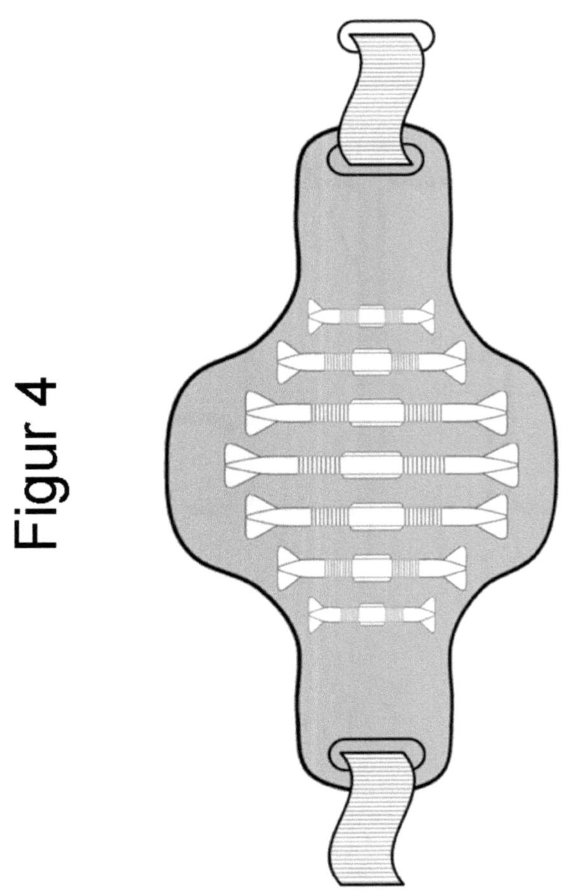

Figur 4

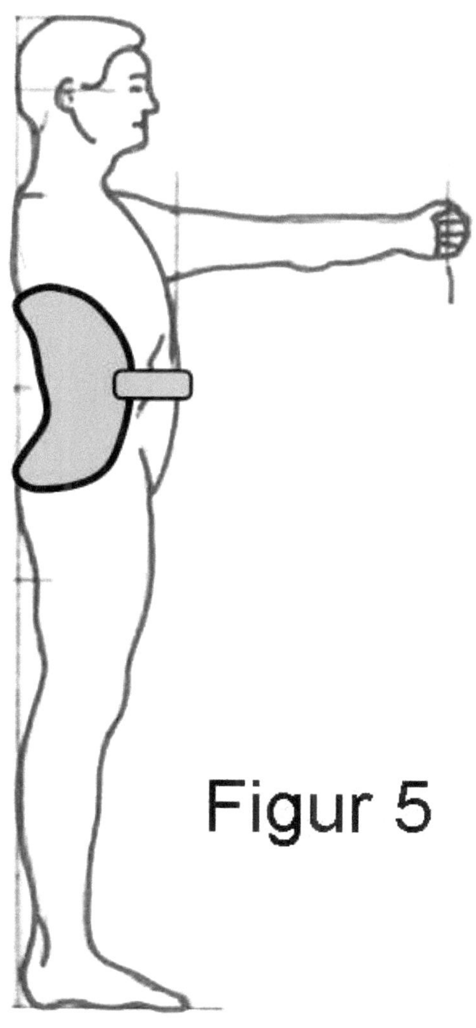

Figur 5

Schutzansprüche

1. Belastungsadaptives, flexibel- variables Bauelement zur Integration in Orthesen für den Lendenwirbelsäulenbereich dadurch gekennzeichnet,

   dass in einem skalierbaren Baubereich des Bauelements eine regelbasiert parametrisierbaren Anordnung blockförmiger Elemente definierter Geometrie gestalterisch eingebracht werden.

2. Belastungsadaptives, flexibel- variables Bauelement nach Anspruch 1 dadurch gekennzeichnet,

   dass die blockförmigen Elemente definierter Geometrie schanierartig und stoffschlüssig mit einander verbunden sind und derart eine konstruktive Einheit bilden.

3. Belastungsadaptives, flexibel- variables Bauelement nach Anspruch 1 dadurch gekennzeichnet,

   dass die blockförmigen Elemente definierter Geometrie unter mechanischer Beaufschlagung in ihrer Wirkungsweise wie ein symmetrisches Viergelenkgetriebe funktionieren.